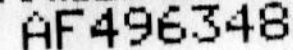
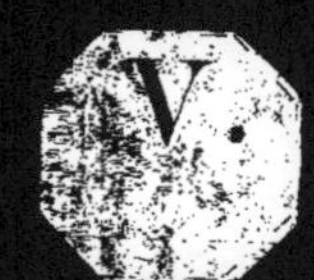

ETUDES

SUR LE HAVRE

OU

EXAMEN DES DIVERS SYSTÈMES, PROPOSÉS POUR L'EXTENSION
DE CE PORT, EN 1838.

PAR CH. DE MASSAS.

PUBLIÉ AVEC LE PLAN PRÉSENTÉ AU ROI LE 10 JUILLET 1838.

HAVRE
IMPRIMERIE DE STANISLAS FAURE.
1838.

AVANT-PROPOS.

Lorsque je fus invité à écrire et plus tard à aller présenter au roi la pétition qui a exprimé les idées les plus répandues parmi les habitans du Havre, au sujet de l'agrandissement de ce port, je ne dus cette distinction qu'aux opinions que j'avais publiées dans les *Archives du Havre*, et peut-être aussi à la juste conviction que ces opinions n'étaient le résultat d'aucun intérêt personnel.

Plusieurs plans me furent remis. L'un, celui de M. Leberrier, reproduisait d'abord, après MM. Degaulle et Bailleul, la pensée d'un môle sur le banc de l'Eclat, puis indiquait une nouvelle entrée de port sur la rade et une ligne de bassins prolongée à la place des fortifications du nord de la place. Le second, publié par un habitant du Havre, M. Jardin, retraçait le projet de M. Leberrier avec des variantes plus ou moins heureuses; cependant il donnait une indication utile, les bassins de l'ouest, dont la première idée remonte à l'ingénieur en chef du port, M Frissard, et qui me parurent présenter, à cause de leur communication avec la nouvelle et l'ancienne passe, une position avantageuse pour l'établissement d'un dock.

Ces deux plans, réunis à la pétition, parvinrent sous le bienveillant et zélé patronage de M. Mermilliod, député du Havre, aux pouvoirs dont ils avaient pour but de provoquer l'attention. L'accueil qui leur fut fait fut digne du sujet qui les avait inspiré, et si, je ne crains pas de le dire, les nombreux signataires de la pétition avaient pu juger de la simpathie que rencontrait parmi les hommes les plus élevés l'étude des élémens de la prospérité future de leur ville, ils n'eussent pas plus que moi, leur envoyé d'un jour, échappé aux impressions d'une satisfaction vraie et reconnaissante.

Toutefois cette présentation de plusieurs plans avait un inconvénient, c'était d'obliger à des recherches et à des combinaisons pour rencontrer l'ensemble qu'indiquaient la pétition et les notes produites avec elle. Delà vint la pensée de coordonner ces divers plans en un seul, et de préciser non pas un modèle de travaux d'art que les hommes spéciaux peuvent seuls établir, mais bien un tableau de ce que pourrait devenir le port et la ville du Havre si le système des fortifications actuelles venait à être changé.

Plusieurs havrais, présens à Paris, concoururent à la publication de ce plan. M. Mermilliod en approuva la pensée. M. Lesueur, naturaliste distingué et ami du célèbre Péron, me communiqua les travaux de son père, officier de l'Amirauté au port du Havre, et y ajouta les indications, résultat de ses propres études. Je résumai, pour les placer en regard du dessin, les notes que j'avais eu l'honneur de présenter au Roi et à MM. les Ministres de la marine et du commerce. Ainsi disposé, le travail fut confié, pour son exécution, à un géographe distingué, M. Bineteau.

Dans cet état de choses, j'ai cru devoir faire pour mes divers écrits sur l'agrandissement du port Havre, ce qui vient d'être fait à l'égard des divers plans. J'ai cru que les reprendre dans des feuilles éparses, les coordonner et les rattacher au plan dont ils défendent les combinaisons, ne serait pas tout-à-fait inutile au progrès d'une cause que j'ai soutenue, tout en reconnaissant combien peu je pouvais pour elle. Je les ai en conséquence réunis en forme de mémoire et par ordre de dates, de manière à présenter un aperçu de toutes les phases qu'a parcourues jusqu'à ce jour la question si intéressante et si générale de l'extention du port du Havre.

Ainsi, le premier article, le *Havre et ses alentours*, rappelle la gène que les fortifications du Havre occasionnent dans les rapports quotidiens de trois villes contiguës.

Le second, *de l'agrandissement du Havre*, l'inutilité de ces remparts et la voie dans laquelle le soin de leur conservation a conduit la haute commission parisienne.

Le troisième contient des réflexions sur le plan de M. Bailleul, qui a justement préoccupé l'attention publique, et dont une partie du moins est l'objet d'une approbation générale.

Le quatrième, la pétition : *Projet de M. Leberrier, soutenu par les pétitionnaires.*

Le cinquième, sous le titre de *Voyages des remparts du Havre, ou conséquences des demi-mesures*, présente des observations sur les projets de la commission d'enquête réunie au Havre, et une réponse aux objections faites aux idées des signataires de la pétition.

Le sixième et dernier, sous le titre de la *France et le Havre*, met en parallèle les intérêts privés et l'intérêt général, et explique les obstacles qui s'opposent à ce que la plus havraise de toutes les combinaisons, celle qui tend à délivrer la ville de son enceinte fortifiée, sauf à lui donner de meilleurs moyens de défense, obtienne l'unanimité des suffrages.

Enfin, et pour assurer à ce travail un intérêt que par moi-même je ne pouvais espérer de lui donner, j'ai puisé, dans un mémoire de M. Lamblardie père, plusieurs fragmens bien remarquables, que j'ai reproduit sous le titre d'*Origine et Avenir du port du Havre.* Ces pages, qui retracent en peu de mots la formation du port de Havre, contiennent sur le sort qui lui est réservé une prédiction que l'on voit se réaliser de jour en jour, et qui prête un merveilleux appui aux idées développées dans la pétition. Ce n'est pas chose indigne de méditations que de voir les opinions émises, il y a un demi-siècle, par l'illustre auteur du plan de 1787, servir de base au projet d'agrandissement le plus accrédité parmi la population havraise en 1838.

Le Havre et ses alentours.

Juin 1837.

Deux nouvelles intéressantes pour notre place se sont répandues pendant ce mois. L'une est positive : c'est l'adoption par notre conseil municipal d'un projet de M. Frissard pour la création, à l'ouest de la ville, d'un bassin destiné spécialement aux bateaux à vapeur. La seconde est moins certaine et cependant elle est tellement vraisemblable que nous croyons à sa réalité. On assure que la commission chargée de statuer sur les projets proposés pour le Havre, vient de reconnaître en principe la nécessité de l'agrandissement de cette ville.

Ce principe adopté, son application ne saurait se faire attendre. D'une part les besoins qui l'ont motivé deviennent de plus en plus crians ; de l'autre, attacher son nom à une telle œuvre ne peut qu'ajouter quelque éclat aux illustrations les mieux justifiées, et il est permis de croire que les hommes qui ont à fixer l'avenir du Havre, tiendront à honneur d'accomplir cette tâche.

Dans la situation où nous place ce nouvel état de chose, quelques aperçus sur les rapports journaliers qui existent entre le Havre et ses alentours ne seront peut-être pas sans intérêt. L'agrandissement que l'on médite ne peut avoir lieu que par la chute de nos remparts. Qu'ils tombent et les communes voisines cessent d'être les faubourgs du Havre. Elles s'englobent, en partie du moins, dans la cité principale.

Depuis long-tems la plus considérable de ces communes possède un octroi. Depuis deux ans elle en a placé les bureaux à trente pas de ceux du Havre. Aucune denrée ne part d'Ingouville pour le Havre sans être grévée de quelques frais. Rien ne sort du Havre pour Ingouville sans subir la même atteinte. Or à Ingouville il n'existe aucun marché ; il en résulte que les approvisionnemens se font en grande partie au Havre, et que l'existence dans le faubourg est plus difficile et plus coûteuse que dans la ville même. Nous ne parlerons pas de la gêne que ces deux bureaux, placés auprès des portes de la place, apportent à la circulation. Une seule voiture arrêtée en arrête vingt autres, et il y a des momens où le passage est entièrement interrompu.

Cependant, qui dit Ingouville dit aussi le Havre. Tel habitant d'Ingouville a ses intérêts dans la cité ; tel habitant de la cité les a dans Ingouville ; tel autre dans les deux communes. L'hôpital du Havre est situé à Ingouville ; des gardes nationaux, qui demeurent dans l'une des deux localités, font leur service dans l'autre. J'en connais un qui, le même jour, fut commandé des deux côtés à la fois (1). J'en connais un qui, au même moment encore, fut appelé aux deux endroits pour une revue. L'amnistie vint le tirer de l'embarras dans lequel l'aurait placé l'obligation de monter, en même tems peut-être, et dans deux postes différens, une garde hors de tour. Je connais quelqu'un enfin, qui ayant abandonné, pour venir demeurer au Havre, un logement qu'il occupait à Ingou-

(1) Depuis, et pour tout concilier, on a supprimé, dans les deux villes, le service des postes qu'occupait la garde nationale.

ville, et dans lequel entra sur-le-champ après lui le nouveau percepteur de cette commune, fut, malgré cela, coté pour ses contributions personnelles, et par le percepteur du Havre et par celui du faubourg. Et que l'on ne pense pas que ces faits soient inventés à plaisir dans le but de faire mieux apprécier la perturbation que produit dans la famille havraise le manque d'unité. Ces faits sont réels, et ce n'est pas faute d'autres plus sérieux que j'ai choisis ceux-là.

Les limites de la ville du Havre sont tracées par la nature. Les yeux les distinguent. Le bon sens les reconnaît. Une même voix les proclame. Ce sont la côte d'Ingouville, et ailleurs la mer. L'étranger qui, arrivant par la Seine, embrasse d'un coup-d'œil et la ville et la côte, qui partout aperçoit des habitations, et auquel, de loin, les lignes de démarcation échappent, ne voit dans tout cela qu'une ville, que le HAVRE. Qu'on lui dise que dans ce bel amphithéâtre, quatre communes séparées existent avec des intérêts divers, et que les deux plus importantes se font journellement la petite guerre des octrois, sa raison ne vous comprend plus. — L'agrandissement du Havre semble devoir faire cesser ses anomalies. Que la riante côte d'Ingouville conserve son nom, rien de mieux, mais ses belles demeures, ses jardins, que sous un ciel du Nord féconde un soleil du Midi, ses habitans enfin, tout cela doit un jour dépendre de la cité mère. Qu'après cette réunion, des fortifications non point illusoires, mais fortes et efficaces s'il se peut, défendent la nouvelle Marseille, ce sera avec joie que nous les verrons s'élever.

DE L'AGRANDISSEMENT DU HAVRE.

PROJET DE LA HAUTE COMMISSION.

Août 1837.

Dans toutes les grandes villes frontières qui ont dû à une position privilégiée et à l'industrie de leurs habitans d'acquérir une certaine prospérité commerciale, il existe deux puissances, ou mieux deux génies qui, bien que d'une nature très opposée, ont ensemble à exercer sur elles un difficile et important patronage. L'un, pacifique et fécond par excellence, veille aux besoins de la cité qu'il vivifie, préside aux développemens dont le tems la rend susceptible ; réclame pour elle de l'espace, de la liberté, des ressources en rapport avec son activité croissante ; n'assigne à son agrandissement d'autres limites que celles qu'a posées la nature, et quelquefois lutte avec la nature elle-même ; l'autre, condamné à prévoir incessamment la guerre et à s'y préparer toujours, n'envisage, dans la localité qu'il doit défendre, qu'un point stratégique. Il s'inquiète peu de ses convenances et de ses intérêts particuliers, ferme ou resserre ses avenues, se hâte de l'environner de solides murailles ; puis, quand il a coordonné ses pierres massives, il s'assied près d'elles et s'endort impassible comme elles.

Avec ce droit d'emprisonnement, soit d'une partie, soit de la totalité d'une ville, on conçoit combien sont redoutables les fautes de ce second pouvoir, et combien il est nécessaire qu'il soit doué de toute l'infaillibilité que comporte son beau nom de génie militaire. Que s'il en est autrement, que si l'espace qu'il dérobe à son laborieux confrère pour y implanter ses improductives créations ne justifie pas, par d'incontestables avantages, le choix qui en a été fait, alors malheur à la cité qu'il opprime, car ce n'est pas pour un jour qu'auront été dressés et remparts et bastions, et long-tems, à jamais peut-être, les plus justes plaintes viendront, sans résultat, mourir à leurs pieds. — La ville du Havre en offre la preuve.

En consultant les annales de cette ville, on apprend qu'un projet de fortifications, bien opposé à celui qui a été mis à exécution, fut autrefois proposé par des hommes que l'autorité souveraine avait envoyés à cet effet, et que même il fut adopté. Alors comme aujourd'hui, un coup-d'œil jeté sur la situation topographique du Havre avait suffi pour révéler et le grand avenir de cette ville, et les dangers qui pouvaient compromettre son existence. Son avenir, c'était une extension prochaine et continue ; c'était, tôt ou tard, la possession d'un vaste dépôt des produits les plus recherchés du globe ; ses dangers, c'était la guerre et par terre et par mer ; c'était une destruction immédiate, si une troupe ennemie, débarquée dans quelque coin de ses falaises, parvenait à installer quelques mortiers sur les coteaux qui la dominent. De cette appréciation résultaient deux nécessités. C'était, d'une part, la libre possession du plus grand espace possible pour les dévoloppemens futurs de la ville ; et, en second lieu, des moyens efficaces de défense pour la rade et pour les hauteurs. Alors prit naissance le projet que nous rappelons, projet qui vit dans tous les souvenirs, que le simple bon sens fait inventer de nouveau à quiconque aborde cette plage, qu'après bien des années la voix du peuple proclame encore, et auquel, quand on voudra réellement faire quelque chose d'utile et de grand pour le Havre, il faudra revenir. On résolut la construction d'un fort sur les roches du banc de l'Eclat; d'autres forts sur les côtes qui s'étendent au nord de la ville; on protégeait le littoral par des batteries et on laissait ainsi à la disposition des habitans le vaste territoire compris entre les hauteurs, la Seine et la mer.

Comment de ce système si naturel de défense et de protection est-on arrivé à ce que nous voyons aujourd'hui, à une enceinte de remparts qui, réduisant le Havre à n'être qu'une fraction de lui-même, a fait trois villes de ce qui devait n'en composer qu'une; qui, convertissant en désert une précieuse partie de son territoire, ne pourrait cependant découvrir une rangée de canons sans que des habitations françaises s'offrissent à leurs coups, et qui, si l'invasion dont jadis on appréhendait la possibilité venait à se réaliser, n'aurait, au bout de quelques heures, à disputer à l'ennemi que les ruines du Havre et la cendre de ses richesses? — On dit, et quelqu'étrange que cette assertion doive paraître, on ne peut cependant se refuser entièrement à y croire, on dit que ce fut une question d'octroi qui trancha celle des fortifications, et que ce fut à la demande de la population havraise que le premier projet fut abandonné! Oh! s'il en fut ainsi, que Dieu pardonne à la simplesse de nos pères et surtout à la bénévolence du génie fortificateur d'alors qui, au lieu de leur conseiller de s'entourer eux et leurs octrois d'un simple mur surmonté de quelques pointes d'un verre acéré, leur concéda sur-le-champ de triples murailles, trois larges fossés, des zônes de servitude, enchaîna l'avenir de leur ville et ne leur donna, malgré cela, de véritable défense que contre quelques tentatives de fraude!

Mais laissons dans l'obscurité qui les enveloppe les causes lointaines de nos embarras actuels; qu'ils soient nés d'une pensée d'octroi ou de toute autre conception aussi bizarre, nos remparts n'en sont pas moins debout; et tel est l'effet de leur présence, qu'il faut que la ville, qu'ils pressent et étreignent de tout leur poids, finisse par les briser, ou qu'en se rapetissant elle répudie la haute fortune à laquelle elle est appelée. Témoins de cet état de choses, qu'il nous soit permis d'ajouter quelques mots à tout ce que déjà il a suggéré, et de faire voir à quelles funestes conséquences conduira la faute séculaire dont le Havre est la victime.

Du moment où, sans contester sérieusement l'inutilité défensive des fortifications actuelles du Havre, on a néanmoins manifesté la volonté de les maintenir, force a été aux hommes auxquels était départie la tâche de pourvoir aux besoins d'extension de cette ville de renoncer à toutes les combinaisons qui auraient pour but ou pour effet d'attenter à notre enceinte. C'est sous l'empire de cette obligation rigoureuse, et qui peut-être n'a pas été assez généralement comprise, que la haute commission nommée pour l'agrandissement du Havre a adopté, pour tout concilier, le parti, sinon le plus économique et le plus favorable aux habitans, du moins le plus logique. Elle a décidé qu'à travers le territoire le plus cher et le plus précieux qui puisse se rencontrer près de nous, et entraînant avec eux leur escorte obligée de fossés et de servitudes, nos éternels remparts prendraient un essor inattendu, et qu'après avoir emprisonné le bassin Vauban, les établissemens naissans dont ses bords s'énorgueillissent, coupé les chemins d'une ville nouvelle, occasionné enfin, et par l'achat des terrains et par les frais de construction, une dépense monstrueuse, ils finiraient par enclaver jusqu'à la Seine tout l'emplacement consacré aux travaux reconnus nécessaires; englobant ainsi dans la même prison, sauf à recommencer plus tard, la succursale dans la cité mère, plaçant une foule d'établissemens jeunes encore sous le joug onéreux de nos octrois, et multipliant, par la longueur démesurée donnée à la ville, les difficultés qu'au milieu de nos bassins et de nos ponts mobiles rencontre déjà la circulation.

Sans doute, on ne peut qu'applaudir à la juste susceptibilité qui a conseillé aux membres de cette commission de ne pas venir en personne dans une ville où des intérêts divers auraient pu s'efforcer de captiver leur suffrage. Toutefois, cette visite au Havre était peut-être nécessaire. Quelle que soit l'habileté qui préside à la confection d'un plan, il ne saurait suppléer à l'aspect réel des lieux. Espérons que l'impression pénible produite par la connaissance de la décision prise ne sera pas sans effet ; que cette décision, qui n'est pas encore officielle, pourra être modifiée, et que tout espoir d'aller ressaisir, sur les débris des limites que lui ont faites les hommes, celles que lui avait données la nature, ne sera pas enlevé à la ville du Havre.

PROJET

De M. BAILLEUL, capitaine du Génie. (1)

FÉVRIER 1838.

Le mémoire sur le port du Havre, écrit et publié par M. Bailleul, né au Havre et attaché à cette ville en qualité de capitaine du génie, a obtenu un grand et légitime succès. Il s'est promptement répandu, et les discussions qu'il a suscitées sont loin encore de toucher à leur fin. Elles dureront tant que cette ville et son port n'auront pas entièrement profité des avantages que leur a concédés la nature; ces avantages, M. Bailleul les a tous signalés: il a indiqué comment on devait les conquérir; et si aujourd'hui le magnifique plan qu'il présente ne frappe les yeux que comme un prodige, ce que ce prodige a de chimérique s'affaiblit en songeant à la puissance de la civilisation moderne, à la force toujours progressive de la société et de la science.

« Harfleur fut un port de mer », dit M. Bailleul. Le Havre l'est devenu. « Le Havre, né d'Harfleur, *raccourt vers sa mère* », a dit un autre écrivain, en parlant de l'extension que prennent autour du Havre les communes qui se rapprochent d'Harfleur. M. Bailleul réunit ces deux villes. A la dernière, il prend la rivière qui, aujourd'hui, lui permet encore de recevoir quelques navires; il conduit la Lézarde, dans un lit nouveau, jusqu'aux portes du Havre. D'un autre côté, au moyen de la digue qu'il fait partir du cap de la Hève, et qu'il prolonge en l'appuyant sur les bancs de l'Eclat, de la rade et d'Anfar, jusqu'à la pointe du Hoc, il étend la rade du Havre jusqu'aux territoires d'Harfleur. Tout le littoral compris dans cet immense espace se couvre de grands établissemens maritimes, toute l'étendue de la vaste plaine, qu'enclavent la mer, la Seine et la côte que longe la route du Havre à Harfleur, toute cette plaine devient une ville que traversent de belles promenades et un chemin de fer. Ingouville, Graville, Sanvic ne sont plus. Le Havre seul reste, et le Havre, couronné de forts détachés, devient à la fois un port immense, une ville immense; le Havre a accompli sa destinée.

Voir de telles chose et mourir, telle devrait être l'unique ambition d'un cœur vraiment havrais. A la vérité, ce vœu ne compromettrait pas l'existence de l'homme qui se risquerait à le former. Loin de là, son existence serait longue. M. Bailleul, en créant le plan, n'a pas assigné de terme précis à son exécution entière. Il la confie aux siècles, et il a raison; car pour eux seuls elle est possible, en admettant, toutefois, que de nouvelles études ne dé-

(1) Un vol. in-8o. — En vente chez les principaux libraires du Havre.

montrent des inconvéniens, des impossibilités même, que la riche imagination de l'auteur ne lui aurait pas permis de saisir de prime-abord. (1)

Mais en attendant que les siècles aient réalisé cette œuvre, présentons quelques observations sur un des sujets les plus actuels, les plus importans, et pour le présent et pour l'avenir, que M. Bailleul ait traités dans son mémoire. Il s'agit des remparts du Havre.

M. Bailleul les conserve pour défendre la ville actuelle, qu'il appelle ville intérieure; il ne veut les détruire que quand la ville nouvelle ou ville extérieure aura acquis une étendue, une importance qu'il détermine (200,000 habitans), et c'est alors qu'il construit des fortifications sur les hauteurs qui dominent la ville.

Si nous jugeons bien la situation du Havre, la ville extérieure n'est pas tout-à-fait à créer. Elle existe déjà; elle étreint la ville intérieure, se développe autour d'elle, grandit chaque jour et nous semble déjà assez importante pour qu'en admettant des chances de guerre, elle soit tout-à-fait digne d'être défendue. Or, elle ne l'est pas; la côte, bien garnie de riches pavillons, n'aurait à offrir à l'ennemi d'autre résistance que les murs de ces pavillons. L'ennemi se logerait donc et sur la côte, et dans la ville extérieure, et la guerre aurait lieu de telle sorte, que la ville extérieure et la ville intérieure se combattraient mutuellement.

Pourquoi, puisqu'il est dans les nécessités de l'avenir de changer le système de nos fortifications, pourquoi ne pas commencer par là? pourquoi, avant de protéger la totalité du territoire qu'occupera la grande ville projetée, attendre que cette ville soit faite? En agissant ainsi, vous pourrez fort bien vous exposer à recommencer vos travaux; car vous supposez la guerre, et si la guerre arrive avant leur achèvement, vous aurez pu assister à leur ruine. En un mot, nous ne partageons pas, sous ce rapport, l'opinion de M. Bailleul. Construire d'abord et changer ensuite notre système de fortifications, tel est son vœu. Nous disons, nous, changez d'abord ce système de fortifications, et construisez après; car, en agissant ainsi, vous n'aurez pas à refaire ce que déjà vous aurez fait, et comme votre nouveau système de fortifications, celui des fortifications sur les hauteurs, rendrait inutiles vos remparts actuels, vous livreriez au commerce, au port, à la ville, le grand et précieux espace que ces remparts occupent; vous permettriez au Havre de s'agrandir dans son centre même avant de s'étendre vers ses extrémités.

(1) Harfleur fut un port de mer, et maintenant de beaux pâturages croissent où jadis des flottes furent assemblées. Pour qui voit les dépôts de sable et de galet, qui, depuis Harfleur jusqu'à la jetée du Havre, ont été formés et se grossissent continuellement, l'exécution entière du projet de M. Bailleul semblera difficile. C'est par suite de cette considération que je n'ai repris dans le plan qui lui appartient que la digue qu'il établit sur le banc de l'Eclat, et qui couvrirait la rade. Ce projet fut autrefois celui de M. Degaulle.

Quoiqu'il en soit, le mémoire de M. Bailleul, écrit avec méthode et clarté, restera, pour quiconque voudra étudier le Havre, l'un des ouvrage les plus intéressans à consulter.

FRAGMENS DE LA PÉTITION

Présentée au Roi, le 10 Juillet 1838.

(PROJET DE M. LEBERRIER.)

Sire,

La haute commission nommée pour s'occuper de l'agrandissement du Havre a senti qu'avant de discuter cette question, elle avait à toucher une question prédominante, celle des fortifications. Elle a décidé en principe, et sous ce rapport nous sommes de son avis, que non seulement à cause des richesses qu'il renferme, des travaux d'art dont il a été doté à si grands frais, mais encore à cause de sa position à l'embouchure de la Seine, le Havre devait rester ville fortifiée. Ce que nous ne comprenons pas, c'est qu'en présence de cette importance et de richesse et de situation, la commission, qui n'a pu se dissimuler la faiblesse des fortifications actuelles du Havre, au lieu de proposer un système plus vaste et plus efficace, ait non seulement maintenu, mais encore développé l'enceinte qui emprisonne cette ville.

Les habitans soussignés, Sire, ne peuvent adhérer à cette conclusion. Ils pensent que plus le Havre est digne d'être protégé et défendu, plus il faut que les moyens de défense soient puissans ; et ils ne seront tels que *lorsqu'un fort, placé sur le banc de l'Eclat, protégera la rade, que lorsque des fortifications nouvelles abriteront les hauteurs qui dominent la ville, en même tems que des travaux militaires s'opposeront à toute agression sur le littoral.*

De cette divergence sur l'application du principe fondamental, résultent des dissentimens plus grands encore sur le système à adopter pour l'agrandissement du Havre.

Décidée à respecter notre enceinte fortifiée, la commission a naturellement cherché, pour l'extension de la ville et du port, un emplacement qui lui permît de prolonger ses remparts autour des établissemens résolus. Un seul territoire s'offrait à elle ; c'est celui de l'Heure, situé à l'est de la ville, éloigné déjà de la mer, bas et marécageux, très propres sans doute à servir de lit à des bassins, mais d'une solidité très problématique pour recevoir les fondemens de grandes et durables constructions. C'est là cependant qu'elle a été amenée à placer, non pas quelques établissemens d'une importance secondaire, mais un ensemble magnifique de travaux de premier ordre, un nouveau port, un Havre nouveau, qui pourrait devenir l'heureux rival de l'ancien, si une nouvelle ligne de remparts ne les obligeaient tous deux à ne faire qu'un. Ainsi étendu vers ses extrémités, le Havre présente, de l'est à l'ouest, une lieue de longueur ; d'un côté se trouvent la municipalité, la bourse, la douane, les tribunaux ; vers le centre, des bassins ; vers l'autre extrémité, une ville. Les voies de communication sont des ponts mobiles, étroits et souvent levés, et là pourtant la circulation est bien active, le tems bien précieux ! Quant aux nouveaux remparts, ils se trouvent dans la même situation que les anciens. En face et au-dessus d'eux sont des hauteurs non défendues ; entr'eux et ces hauteurs existent des habitations françaises : Ingouville d'une part, Graville de l'autre, avec leurs établissemens industriels et leur population toujours croissante, se développent devant toute la ligne des fortifications, et, ouverts à l'ennemi, s'offrent à tous les feux de la place.

Le projet des habitans, Sire, se recommande du moins par l'absence des graves inconvéniens que nous venons de signaler. Une fois transportées sur la rade et sur les hauteurs, les fortifications nouvelles rendent inutiles les remparts actuels. L'espace qu'ils occupent entre le Havre et Ingouville devient l'emplacement des travaux d'agrandissement à exécuter. Au Perrey, sur la rade, la mer, qui a brisé la côte jusqu'aux premières habitations, est reçue dans un nouveau port, et vient alimenter des bassins parallèles et en communication avec ceux déjà existans. Ainsi le Havre se développe dans son centre même, les établissemens les plus fréquentés par une population commerçante ne sont plus hors de la portée d'un grand nombre d'habitans. Les voies publiques restent faciles, et enfin, en cas de guerre, les villes d'Ingouville et de Graville sont un secours et non plus un empêchement pour la défense.

Formulé il y a quelques années, par un habitant du Havre, M. Leberrier, un plan conforme à ce projet a passé sous les yeux de la commission ; elle l'a repoussé :

« 1° A cause des dépenses qu'entraînerait, pour devenir réellement efficace, le nouveau » système de fortifications ;

» 2° Parce qu'une nouvelle entrée sur la rade serait une sorte de double emploi, sans » de notables avantages, avec celle déjà existante ;

» 3° Parce que ce qu'il importe le plus d'exécuter, c'est un débouché sur la Seine, par où » les navires qui remontent ce fleuve, puissent sortir par les vents d'ouest, qui aujour- » d'hui les retiennent dans le port. »

Permettez-nous, Sire, d'émettre notre opinion sur chacune de ces objections.

La première est celle de la dépense. La commission, dans son projet, consacre à l'agrandissement du Havre la somme de 23 millions. Le terrain choisi par elle, soit pour l'extension des fortifications, soit pour les travaux du port, est *entièrement à acheter*. Dans le projet des habitans, le gouvernement *n'a rien à acheter* pour les travaux du port. Les terrains occupés par la triple ligne de fortifications du Havre sont estimés à la somme de 32,000,000

Celle jugée nécessaire pour les travaux et construction du port peut être portée à. 27,000,000 (1)

Reste. 5,000,000

Nous pensons que cette somme serait insuffisante pour la réalisation du nouveau sys-

(1) La pétition ne disait que 20 millions. Depuis, les bassins de l'Ouest ont été demandés.

tème de défense; mais puisque 23 millions ont été votés par la haute commission pour l'agrandissement du Havre, et que, d'après le projet des habitans, ce but serait atteint sans que le trésor eût aucune somme à fournir, qui empêcherait que les vingt-trois millions concédés par cette commission ne fussent, avec les cinq millions restant sur le produit de la vente du sol des fortifications actuelles, consacrés, en partie du moins, à la création des nouvelles constructions militaires? Au moyen de ce changement de destination, 38 millions seraient disponibles pour l'accomplissement d'un large système de défense, et le Havre, avec une rade défendue, un port nouveau, des établissemens nautiques, qui doubleraient son état commercial, avec ses hauteurs et son littoral fortifiés, présenterait, à l'entrée du fleuve de Paris, la plus magnifique et la plus imposante des créations modernes.

La seconde et troisième objections concernent la nouvelle passe ou entrée de port à créer sur la rade. La commission y voit un double emploi, et recherche une passe nouvelle sur la Seine.

Voici notre réponse. L'entrée actuelle du port est, depuis long-tems, reconnue insuffisante. Le galet la menace. Un accident, suivi de l'échouement d'un navire entre les jetées (et cela a été maintes fois sur le point d'avoir lieu), peut la fermer. Une nouvelle passe sur la mer même est donc une création dès à présent utile; plus tard on reconnaîtrait qu'elle était indispensable. Que si la jetée nouvelle, qui devra la protéger, retient le galet dans son cours, ce sera évidemment pour le plus grand avantage de l'ancienne entrée, située au-dessous d'elle, et pour celui de la côte supérieure, qui se trouvera séparée.

L'encombrement du port actuel, au moment des arrivages, a été dès long-tems signalé; de fréquens accidens en sont la suite. Le seul remède à ces inconvéniens, à ces justes craintes, c'est la création d'un nouveau port; et comme le Havre ne saurait être dépossédé de la possibilité d'avoir des bateaux à vapeur de grandes dimensions, à l'instar de ceux auxquels l'Angleterre fait aujourd'hui traverser l'Atlantique, et que ni le port actuel ni la passe cherchée sur la Seine ne seraient suffisans pour eux, il convient que le nouveau port soit creusé là où existe la plus grande profondeur d'eau et le plus grand espace; or, le seul point qui réunisse ces conditions, c'est la rade au Perrey.

L'utilité d'une sortie vers l'Heure, pour la navigation de la Seine, est reconnue par la haute commission comme par les habitans. Consulté à ce sujet, M. Beautems-Beaupré a répandu sur sa possibilité de vives incertitudes. Cette issue est à rechercher; mais nous ne croyons pas que, même assurée, elle puisse suppléer aux avantages de la nouvelle entrée sur la rade (1). Elle est le complément du port du Havre, s'allie à tous les projets et n'en empêche aucun. Le tout est de la trouver, et le problème ne sera résolu peut-être que par l'achèvement du canal Vauban, conduit jusqu'au Hoc.

(1) Parmi ces avantages, il en est un de la plus haute importance : c'est la facilité qu'auraient les navires faisant route pour le Nord, d'aller en peu d'instans gagner le courant qui, de la pointe de la Hève, court dans cette direction. A la mer montante, il se forme au cap de la Hève deux courans également rapides, dont l'un descend vers le Sud et passe devant la jetée actuelle, tandis que l'autre remonte vers le Nord. Pour aller joindre ce dernier, les navires qui sortent du port sont, aujourd'hui, obligés de lutter long-tems contre le premier, et la difficulté, les retards qu'ils éprouvent, les ex-

Sire, telles sont les réflexions que nous a suggérées la grave question de l'agrandissement du Havre ; elles nous sont dictées par l'intérêt du pays en général et par celui que nous devons prendre à notre ville, nous pouvons même ajouter par celui du trésor de l'état ; car si les millions destinés à l'agrandissement du Havre recevaient un emploi malheureux, on aurait d'autant plus à regretter cette perte, que, quelle que soit l'importance du Havre, on hésiterait avec raison à appauvrir de nouveau pour lui la fortune de la France.

Nous sommes, Sire,

avec le plus profond respect,

de Votre Majesté,

Les humbles et très-obéissans Serviteurs,

(Suivent 1,500 *signatures.)*

posent, par certains tems, aux plus terribles accidens. Il y a deux ans, quand vingt navires sortirent un jour de nos jetées, les premiers partis ayant pu gagner le courant nord pendant que la mer montait encore, purent doubler, malgré une tempête furieuse, la Pointe de Barfleur, et firent route ; les derniers sortis, n'ayant pu profiter à tems de la force de ce courant, furent brisés sur cette pointe et s'y perdirent.

Les marins assurent que les navires partant du nouveau port projeté au Perrey, gagneraient pour la route Nord deux heures au moins sur ceux partant du port actuel. Cet avantage, à leurs yeux, est non-seulement bien grand en toutes circonstances, mais encore, dans certains cas il est une condition de salut.

LES VOYAGES DES REMPARTS DU HAVRE

OU

INCONVÉNIENS DES DEMI-MESURES.

(La Commission d'enquête et les Habitans.)

Lorsque, peu d'années avant 1787, l'importance que devait acquérir le port du Havre eut été comprise, et que l'agrandissement de ce port fut résolu, il advint précisément ce qui arrive aujourd'hui. Il y eut d'abord épidémie de projets, luttes acharnées d'intérêts et d'amours-propres ; puis en second lieu obligation de faire la guerre aux fortifications qui emprisonnaient la ville.

Par bonheur, à cette époque, les circonstances se trouvèrent plus favorables qu'elles ne le sont de nos jours. Entre l'enceinte fortifiée et la côte d'Ingouville, existait un terrain disponible qui se prêtait naturellement à un déplacement des fortifications. Là, le génie civil et le génie militaire purent faire un pacte et s'entendre à l'amiable. Le génie militaire fit faire à ses remparts un voyage de quelques centaines de pieds, et le génie civil put librement donner au port du Havre, dans le centre même de la ville ainsi élargie, le bel et vaste développement qu'il présente aujourd'hui.

Sans doute alors, en adoptant le plan dont l'exécution a duré jusqu'à nos jours, on crut avoir fait assez pour l'avenir du Havre. Vingt ans de paix, la vapeur et les chemins de fer en ont décidé autrement. L'année 1787 s'est reproduite pour le Havre en 1838. Une nouvelle extension de ce port est reconnue indispensable ; et comme les mêmes causes produisent ordinairement les mêmes effets, il y a recrudescence de l'épidémie des projets, et guerre forcée contre les remparts.

Malheureusement, je l'ai déjà dit, les circonstances ne sont plus aussi favorables. Il n'existe plus d'espace qui permette aux fortifications de faire un nouveau voyage vers la côte. Il faut ou les rejeter par delà cette côte, et alors on fait un port sur la mer, ou les étendre vers l'est dans les plaines de l'Heure, et alors on conduit le port dans les terres.

La haute commission nommée à Paris, pour trancher ces difficultés, a adopté ce dernier système, et certes la belle image qu'elle a tracé d'un Havre nouveau a dû plaire à Paris, car, à Paris, on a plutôt songé à une ville qu'à un port. Mais au Havre, au milieu d'une population d'armateurs et de marins, ce projet devait succomber. Jamais aussi, et le livre d'enquête en fait foi, projet malencontreux ne fut plus unanimement convié à mourir.

Cette décision prise, la question est cependant restée à résoudre. Deux moyens se sont présentés. Les habitans, que rien ne troublait dans l'expression de leurs vœux, ont signé une pétition pour solliciter l'adoption d'un autre système de défense, puis des bassins à la place des remparts actuels, c'est-à-dire le principe avec toutes ses conséquences. La commission d'enquête, demeurée debout sur les ruines du projet de la haute commission, mais gênée par l'arrêté constitutif de son existence, par l'interdiction positive de parler des fortifications, a demandé, assure-t-on, des bassins dans l'ouest, sans dire qu'ils seraient creusés à la place des remparts de l'ouest; une passe sur la rade, sans dire qu'elle viendrait saper les remparts du nord ; en d'autres termes, elle a demandé les conséquences sans le principe.

Il semble, au premier coup-d'œil, que ces deux moyens tendent au même but, et que d'accord avec les pouvoirs légaux qui les protègent, les habitans n'ont plus qu'à se démettre de leur humble position de pétitionnaires; mais, en y réfléchissant, on trouve qu'il n'en est pas ainsi, et que, tandis qu'à propos de la chute des remparts, les signataires de la pétition disent nettement *oui*, la commission d'enquête dit à peu près *oui* et *non*. Je m'explique.

Nous avons vu, en 1787, les remparts du Havre voyager vers le nord. La haute commission a voulu les faire voyager vers l'est. Qui empêche, si l'on se borne à demander un bassin sur leur emplacement au Perrey, de les reporter par delà ces bassins, et de les faire voyager vers l'ouest ? A la vérité, vous demandez une passe nouvelle sur la rade ; mais cette passe, vous la faites presqu'immédiatement aboutir à vos bassins de l'ouest ; vous ne la prolongez pas sur le front nord des fortifications. De ce côté, comme vers l'est, l'enceinte subsiste, et il est juste que la partie que vous lui dérobez dans l'ouest lui soit rendue. Ainsi, la ville restera captive ; et quand, au bout de quelques années, le chemin de fer aura multiplié vos relations, quand de plus nombreux navires réclameront de vous un asyle plus spacieux, vous recommencerez la lutte contre vos remparts, et vous la soutiendrez avec d'autant moins de chances que leurs voyages multipliés, sans les rendre plus utiles, les auront assurément rendus plus coûteux.

A la vérité, telle n'est pas votre intention. « Une fois, dites-vous, une fois le banc de l'Eclat défendu et une nouvelle passe creusée, les remparts tomberont d'eux-mêmes. En ne demandant pas leur chute, on obtiendra plus facilement les travaux qui nous sont nécessaires. Ces travaux seront moins vastes, et une dépense moindre est encore un moyen de succès. » Voilà votre pensée. C'est la pensée des demi-mesures. Nous allons voir où elle va vous conduire.

Placée en face du môle unanimement demandé pour le banc de l'Eclat, ouverte par conséquent à une mer plus tranquille, large et profonde, car vous n'oubliez pas que, parmi les navires du commerce, on compte aujourd'hui des vaisseaux, la passe que vous sollicitez sur la rade est sans doute, à vos yeux, destinée à servir à une active, à une continuelle navigation. Dès lors, des bassins à sa suite, un vaste dock dans la dépendance de ses eaux, sont choses, non seulement désirables, mais encore rigoureusement logiques. Voici pourtant qu'ayant laissé debout vos remparts du nord, vous êtes contraints de renoncer à ces utiles constructions, et, ce qui est plus grave, vous en dépossédez l'avenir. Vous établissez votre dock (1) dans l'ancien port, dans ce port dont l'insuffisance avérée vous a contraint de demander un port nouveau. Il y a là contradiction. Les avantages d'un dock sont tels qu'il est impossible de se dissimuler que la majeure partie des navires qui fréquentent le port du Havre viendront y déverser leurs cargaisons, et si ce dock n'est abordable que par l'ancienne passe, la nouvelle sera délaissée. Voilà donc tout d'abord cette nouvelle passe si importante, si positivement demandée, réduite, tant qu'un accident n'aura pas fermé la passe ancienne, à n'être plus qu'un simple passage conduisant les steamers dans les bassins de l'ouest creusés pour eux. Vous voilà, avec une navigation plus nombreuse, soumis, dans l'ancien port, à toutes les chances de péril que l'on a tant de fois signalées et que vous ne détruirez pas, car, tout en creusant votre avant-port, vous n'empêcherez pas les masses de galet qui bordent son entrée de se grossir, de la menacer, d'y présenter un écueil de jour en jour plus dangereux.

Ce n'est pas tout. Une moindre dépense n'est, dans la question qui nous occupe, ni un moyen de succès ni une économie. Si l'on se borne à adopter votre projet, il faudra d'abord abattre les fortifications du Perrey, puis les redresser, puis ouvrir la passe nouvelle ; et comme on se contente de la faire aboutir aux bassins de l'ouest, on aura des terrains à concéder, d'autres à acheter, point à vendre. Ainsi, les millions qu'il faudra sortir des caisses de l'état n'y seront, pour le moment du moins, compensés par rien, si ce n'est par des sentimens de gratitude. Le plan des pétitionnaires exige, pour son exécution, une somme beaucoup plus considérable ; mais aussi, par cela seul qu'il détruit toute l'enceinte fortifiée, il permet de disposer des terrains de cette enceinte, et leur vente rembourse immédiatement les millions dépensés, sans diminuer en rien la satisfaction générale.

Ces réflexions sur les demandes de la commission d'enquête sont si simples, et me semblent d'une vérité si vraie, que je serais tenté de douter de la réalité même du projet qui les a suggérées, et de croire que les *on dit* que nous combattons, n'ont pas été puisés à une source bien authentique (2). L'avenir éclaircira ce doute, car il est impossible que le rapport de la commission, qui doit avoir pour base les votes de l'enquête, ne soit pas bientôt rendu public, et que cette commission n'apprenne pas aux votans ce qu'elle a pensé de leurs pensées. Quoi qu'il en soit, nous savons positivement que le nombre des noms inscrits sur le registre légal, autrement dit le registre des restrictions, puisqu'il est défendu d'y parler des remparts, n'a pas excédé 350, tandis que celui des signataires de la pétition, c'est-à-dire de l'exposé où, par l'application d'un droit non moins légal, la pensée pouvait être librement émise, a excédé 1,500. Cette différence cessera de surprendre quand on aura jeté les yeux sur le tableau ci-après, qui résume les deux projets et leurs résultats :

(1) Ce dock est celui projeté par M. Ladvocat, entrepreneur de travaux et membre du conseil municipal. Il serait placé dans le port actuel, à l'est du bassin de la Barre. Ce projet, devenu celui d'une compagnie, a des partisans au Havre. Conçu, il y a quelques années, à une époque où la création d'un nouveau port n'apparaissait encore que comme une vague et lointaine possibilité, il fut l'objet d'une juste approbation. Mais aujourd'hui qu'une nouvelle passe, de laquelle devra résulter un nouveau port, est unanimement demandée, il est frappé d'un défaut capital : il est trop éloigné de cette passe nouvelle et ne se concilie pas, ainsi que le prouve ce mémoire, avec les développememens dont elle serait susceptible.

(2) Pourtant le conseil général qui siége à Rouen, et qui doit avoir sous les yeux le rapport de la commission d'enquête, se borne à voter pour le Havre, un bassin pour les steamers et un dock.

Plan exposé dans la Pétition.	*Plan attribué à la commission d'enquête.*
—	—
1° Un môle sur le banc de l'Eclat.	1° Un môle sur l'Eclat.
2° Un système de défense par les hauteurs et le littoral. — Liberté d'extension du Havre entre la côte, la mer et la Seine.	2° Renversement des remparts de l'ouest avec possibilité de les réédifier vers la mer. Maintien de l'enceinte continue.
3° Une nouvelle entrée de port sur la rade, avec un vaste avant-port et une ligne de bassins s'étendant sur tout le front nord des fortifications, lesquels bassins assez vastes pour LES PLUS GRANDS STEAMERS ET TOUS AUTRES NAVIRES.	3° Une nouvelle entrée de port sur la rade, sans prolongement au nord de la place, et se bornant à aboutir aux bassins de l'ouest.
4° Deux bassins dans l'ouest, unissant les deux entrées. De chaque côté un vaste avant-port.	4° Deux bassins dans l'ouest, avec entrée provisoire par la passe actuelle, et définitive par la passe nouvelle. Ces bassins affectés spécialement aux steamers.
5° Etablissement d'un dock sur les bassins de l'ouest, les navires pouvant y pénétrer et en sortir par l'une ou l'autre passe, sans traverser au préalable les bassins de l'intérieur.	5° Le dock dit Dock-Ladvocat, dépendant uniquement de l'entrée actuelle du port, dont l'insuffisance et les dangers ont fait demander une entrée nouvelle.
RÉSULTATS.	RÉSULTATS.
Projet d'ensemble, basé sur l'affranchissement de la ville, lui assurant l'espace et les moyens d'extension dont elle aura besoin, lui donnant un nouveau port et un dock qui, par son emplacement, présente un égal intérêt pour ce nouveau port et pour l'ancien ; prescrivant une série de travaux à exécuter graduellement comme l'ont été ceux arrêtés en 1787, mais dont le principe bien déterminé prévient pour l'avenir le retour des dissentimens, des discussions et des retards dont le commerce et le pays sont, en fin de cause, les victimes.	Projet de transition, basé sur des besoins présens, laissant la ville prisonnière, et livrant son affranchissement aux éventualités de l'avenir ; créant une nouvelle passe sans en adopter toutes les conséquences ; les empêchant même de se développer, en plaçant, à tous risques et périls, sous la dépendance unique de l'ancienne entrée, l'établissement le plus central des intérêts commerciaux, le dock ; promettant ce que donne l'autre projet, mais rendant difficile l'exécution de la promesse, et laissant enfin une voie ouverte à tous les embarras qu'a suscités au port du Havre son système actuel de fortifications.

Après ce parallèle, qui ne sera peut-être pas sans portée auprès des hommes qui ne voient dans l'agrandissement du port du Havre qu'une question d'utilité générale, il me reste, pour compléter la défense du vaste plan que la pétition a proposé, à répondre à quelques objections qui déjà ont été faites à son sujet.

PREMIERE OBJECTION.

« *Le génie militaire ne s'opposera-t-il pas à la destruction de l'enceinte fortifiée?* »

— Il s'y opposerait, et il ferait bien, s'il s'agissait de déclasser la ville et de laisser le Havre sans protection; mais il s'agit, au contraire, de lui créer de nouveaux moyens de défense, qui, plus en harmonie avec ses intérêts commerciaux, soient en même temps plus efficaces pour la sûreté du territoire. Le Havre est dominé par une côte, il peut être attaqué par mer; or, ni cette côte ni le littoral ne sont défendus. C'est vers ces points que la pétition appelle l'attention du pouvoir. Elle demande des fortifications qui protégent, au lieu de fortifications qui ne protégent pas. Quand Vauban posa l'enceinte qui enserre encore le Havre, le Havre n'était pas ce qu'il est, ses murs n'étaient pas aussi rapprochés du coteau d'Ingouville, deux villes ne s'étaient pas développées à ses portes, sa population était faible, ses progrès, enfin, son avenir, dépendaient de sa sécurité et par suite de ses moyens de défense. Aujourd'hui, à sa population, plus que doublée, se joint celle des communes qui le touchent. Tout a changé dans ses murs et hors de ses murs. Qui oserait prétendre que Vauban, qui, tout en créant de si redoutables moyens de défense pour les temps de guerre, en conçut en même tems de si admirables pour la prospérité nationale durant les jours de paix, reformerait pour le Havre d'aujourd'hui la même enceinte qu'il donna à l'ancien Havre-de-Grâce ? Qui oserait dire que le génie de Vauban n'est plus celui du génie militaire de nos jours? Non, ce n'est pas de ce côté que sont les vrais amis de nos remparts, ils sont ailleurs. (1)

DEUXIEME OBJECTION.

Pourra-t-on bien entrer dans les bassins de l'ouest par les deux passes ?

J'ai signalé ces bassins pour l'établissement d'un dock, parce que les navires pourraient y pénétrer par les deux passes. Cet avantage est contesté : on dit que les navires, poussés par de forts vents dans la passe actuelle, ne pourraient tourner dans un avant-port ouvert au pied de la tour François Ier.

Cette objection est juste. M. Frissard, ingénieur en chef du port du Havre, a marqué l'entrée du bassin de l'ouest, en arrière et non en avant de cette tour. Ceci est une question d'art que l'art doit résoudre ; et si la solution venait à amener un prolongement des jetées, l'entrée du port n'en deviendrait que meilleure. Quoi qu'il en soit, la nouvelle entrée ouverte sur la rade amènerait les navires dans ces docks, et la communication existante sur la passe ancienne, si elle n'offrait pas une entrée favorable par tous les tems, servirait au moins de sortie pour les navires qui regagneraient les bassins de l'intérieur, ou auraient à reprendre la mer de ce côté.

TROISIEME OBJECTION.

Ne doit-on pas préférer pour l'établissement d'un dock le point le plus rapproché du chemin de fer?

Il est maintenant prouvé que c'est plutôt du transport des voyageurs que de celui des marchandises que résultent les plus grands bénéfices produits par les chemins de fer. L'entreprise du chemin de Paris au Havre n'a sans doute pas la prétention de déshériter entièrement la Seine de sa navigation. Cette navigation subsistera, et d'ailleurs il ne faut pas perdre de vue les masses de marchandises qui sortent des entrepôts du Havre, pour la réexportation ou pour mutation d'entrepôt par mer. Or, pour toutes ces expéditions, le point le plus rapproché de la mer est le plus avantageux. En principe, un dock est un établissement maritime, créé en faveur du commerce maritime. Que le chemin de fer s'en rapproche, si cela est possible, rien de mieux ; mais le dock ne doit pas être établi principalement dans le but de desservir plus facilement le chemin de fer. (2)

(1) On verra dans l'article qui termine ce mémoire l'influence des intérêts privés.

(2) On a dit encore qu'ainsi placé un dock pourrait être incendié en un jour de guerre. Dans l'état actuel des choses une guerre ne peut plus éclater à l'improviste ; au premier éveil les marchandises existantes dans ce dock en seraient retirées et les murs des magasins deviendraient des moyens de défense. D'ailleurs cette création est subordonnée à l'établissement d'un fort sur l'Eclat et de travaux militaires sur la plage.

QUATRIÈME OBJECTION.

Le Havre n'est-il pas encore trop grand pour le nombre actuel de ses habitans ?

Laissons le soin de répondre à ceux qui, ne possèdant pas, sont à la discrétion de ceux qui possèdent, soit que sédentaires il leur faille regarder comme un bonheur de trouver à un prix exhorbitant un méchant domicile, soit qu'en passage ils aient à découvrir un abri. Laissons ce soin aux navires eux-mêmes, auxquels on refuse du fret pour le Havre, à cause des lenteurs qu'entraîne le débarquement des cargaisons ; aux marchandises enfin qui, stationnant sur les quais, obstruent la voie publique faute souvent de magasins, de moyens de transport, d'ouvriers même qu'éloignent non seulement la cherté mais encore les difficultés de l'existence.

CINQUIÈME OBJECTION.

Si les bassins de l'Ouest sont consacrés à un Dock, l'emplacement assigné aux Steamers dans les bassins à créer au Nord de la ville, à la suite de la passe nouvelle, ne se fera-t-elle pas trop long-temps attendre ?

La compagnie qui établit les grands steamers a demandé l'achèvement du bassin de la Floride en élargissant l'écluse qui y conduit à l'extrémité du nouvel avant-port. La Chambre de commerce du Havre a appuyé cette demande, et je ne vois pas aujourd'hui de place plus convenable à donner provisoirement à ces steamers.

Le développement que prendra ce nouveau système de navigation ne peut encore être positivement apprécié. Je doute beaucoup, pour mon compte, qu'avant douze années, plus de huit à dix vaisseaux de ce genre fréquentent alternativement le port du Havre, et si l'on veut bien examiner la promptitude avec laquelle a été tout récemment exécuté le travail du nouvel avant-port, on se convaincra qu'avant ce laps de tems, l'ensemble des constructions qu'indique le projet des pétitionnaires, pourrait être, avec la paix et une volonté persévérante, si non fini du moins bien avancé.

Si donc d'ici à quatre ou cinq années, le secours présenté par le bassin de la Floride devient insuffisant, et que les bassins de l'Ouest que je signale soient creusés les premiers, je ne verrais aucun inconvénient à ce que l'un d'eux fût livré, *provisoirement encore*, aux steamers, tandis que le dock s'établirait sur le second. Plus tard, et après l'achèvement des bassins qui feront suite à la nouvelle passe, les steamers s'empareraient de l'emplacement définitif que le plan leur indique, le dock enclaverait toute l'étendue des deux bassins de l'Ouest, et celui de la Floride deviendrait le bassin du carénage.

LA FRANCE ET LE HAVRE.

Pour qui veut étudier la grave question de l'agrandissement du Havre, deux positions bien distinctes se présentent. L'une est élevée, elle est à la hauteur de la richesse et de la puissance du pays. En vous y plaçant, vous découvrez le Havre sous le point de vue le plus large, le plus national; vous l'examinez dans ses rapports avec la France, avec le commerce universel. La seconde le présente sous un jour moins favorable; elle existe dans la localité même, au milieu d'un cercle tumultueux d'affaires d'intérêts, d'attractions, d'antipathies, et vos regards, dirigés dans la perspective du comptoir, s'arrêtent naturellement à l'horizon du magasin.

Si de ces deux positions vous choisissez la première, vous êtes bientôt amené à vouloir beaucoup pour le Havre, car le Havre peut beaucoup pour la France. Vous le voyez port de mer et port de rivière, lié par la mer avec le monde, par la Seine et par le chemin de fer avec Paris. Vous savez que la pleine mer repose deux heures entières sur sa plage; que sur sa rade s'élèvent des bancs solides, lieux de périls, aujourd'hui de refuge et de défense quand les hommes l'auront voulu; qu'à la place de remparts inutiles, des bassins d'une éternelle utilité peuvent être creusés, et que, tandis que l'on néglige ces fécondes ressources, le commerce étranger multiplie les siennes. La question ainsi considérée, fait sous vos yeux un pas de géant. Vous vous dites que le Havre a rendu bon compte au pays de ce que le pays a fait pour lui. Dans son passé vous lisez son avenir, et s'il faut, pour le mettre au niveau de cet avenir, que trente ou quarante millions soient dépensés, vous les votez avec d'autant plus d'enthousiasme que vous êtes assurés de ce qu'ils produiront, et que, dès à présent, il ne faudrait, pour se les procurer, que dix-huit mois des recettes de sa seule douane.

Adoptez-vous le second mode ? Vous voilà posé à la fenêtre d'un comptoir, vous rappelant tout d'abord que le Havre fut jadis un petit port de mer, où, avec de petits bassins et un petit nombre de navire, quelques négocians faisaient d'excellentes affaires; que son extension a amené la concurrence; que les profits se sont subdivisés, et que l'agrandir de nouveau, ce sera provoquer, à votre détriment peut-être, le même résultat. Sous l'influence de cette pensée première, qui agit sur vous, en dépit de vous-même, je ne sais quoi de méticuleux, d'indécis s'empare de vous. Vous voulez et n'osez, ou plutôt vous ne dites plus tout ce que vous voulez. Le plan de 1787 n'a satisfait, en s'achevant de nos jours, qu'aux exigeances du passé, et vous a laissé au dépourvu même vis-à-vis du présent. De nouveaux travaux sont nécessaires, vous le sentez; il vous les faut. Eh bien ! vous êtes tentés d'en limiter l'étendue à celle du besoin actuel. Vous vous faites l'économe du lieu et du moment, non celui de l'avenir et du pays. Vous dit-on que ces remparts, ces murs de prison que vous avez tant de fois maudits, si vous le voulez, si vous le demandez avec force, avec persistance, tomberont et feront place à la mer, à vos navires, vous voilà bouleversés; vous cherchez si, dans l'infini du bienfait, quelqu'imperfection n'existe pas; si des fortifications nouvelles ne gêneront pas votre élégant pavillon; si, en affranchissant de toute entrave votre état commercial, le génie militaire ne nuira en rien à vos plaisirs accoutumés; si, enfin, ce qu'il fera sera convenable encore dans trois ou quatre siècles. Puis, la chute de ces remparts laissera des terrains à vendre, et peut-être, sous l'horizon opposé, possédez-vous une cour, une masure, un jardin; puis les travaux seront coûteux; puis...... que sai-je ! Ces remparts, si décriés, vous arrivez insensiblement à les aimer, à les chérir. Un homme illustre passe-t-il dans votre ville, vous vous gardez de l'y retenir, de peur apparemment qu'il ne les pousse du pied et ne vous prive du bonheur d'hésiter, de discuter encore ! Alors, et comme pour justifier cette contradiction, vous vous exagérez la protection dont ils furent si long-temps l'objet. Vous doutez du bon vouloir du génie militaire, comme si ce génie, de nos jours, était incapable de rien créer de mieux que ce que firent ses anciens devanciers. Tantôt, vous trouvez le projet trop vaste; tantôt vous le trouvez trop petit. Vous vous donnez la peine de deviner qu'il ferait du Havre une île, comme si déjà le Havre n'était pas une île; comme s'il existait une seule issue que vous puissiez franchir sans passer sur deux ou trois ponts, sur une masse d'eau. Vous le combattez en même temps à cause de son immensité et à cause de son insuffisance, et s'il vous faut conclure enfin, vous vous décidez bien à voter contre les remparts, mais vous ne sollicitez plus leur chute immédiate : vous les priez de tomber d'eux-mêmes, doucement, peu à peu, quand cela leur conviendra. Et maintenant, quelle est, de ces deux positions, la meilleure ?

Nous ne ferons pas à nos lecteurs l'impolitesse de répondre pour eux à cette question. Seulement, nous déduirons la conséquence de ce qu'ils répondront eux-mêmes. C'est à l'état qu'il appartient de faire du Havre ce qu'il convient que le Havre soit pour le plus grand avantage du pays.

Que l'on n'aille pas conclure de ces paroles que, dans le Havre même, il soit impossible de se placer à la hauteur du point de vue de l'intérêt général. Le rejet universel du projet de la haute commission, les 1,500 signatures apposées sur la pétition qui protestait contre lui, démontreraient le contraire. L'influence même des villa de la côte n'est pas partout la même. Il en est plus d'une où de prudens rideaux ne s'abaissent pas devant le grand ciel où se dessine la destinée du Havre, et dont le possesseur, abaissant lui-même vos regards sur la mer, la ville et l'espace, est le premier à vous faire voir ce que deviendrait cette ville si une main puissante rompait l'enceinte ridicule qui la réduit à l'état de cage. Mais si, ici même, il est possible de déterminer un bon principe d'agrandissement, il est beaucoup moins facile qu'ailleurs d'en faire l'objet d'une résolution unanime, officielle. Le nuage des intérêts divergens s'étend autour de nous, et ce serait peine perdue que de vouloir faire pénétrer la lumière au milieu de toutes les ombres dont il se compose. Bornons-nous donc à répéter ce que déjà nous avons proclamé, ce que nous redirons encore : que le seul moyen rationnel d'agrandir le port et la ville du Havre, c'est de changer le système des fortifications actuelles; que la place qu'elles occupent est la seule qui puisse procurer des établissemens maritimes assez vastes, assez à la portée du centre des affaires, des administrations, des habitans. Que tout est là; que hors de là il n'y a plus que difficultés, irrésolutions et peut-être néant.

CONCLUSION.

Ici se termine la série d'articles que j'ai publiés sur l'extension du port du Havre. J'ai long-tems habité le Havre, je l'ai jugé selon ma raison, je n'ai fait aucun plan, j'ai choisi parmi ceux existant ce qui m'a semblé le plus utile, et ce qui m'a paru le plus utile je l'ai signalé en laissant à qui de droit le mérite de la création. Que si, en remplissant cette tâche volontaire, j'ai eu à combattre des systèmes opposés, je me suis du moins abstenu de toute attaque personnelle, comprenant par moi-même combien il est difficile de renoncer à ses convictions. J'ai vu la France en paix, le pouvoir dans les dispositions les plus favorables pour un port dont il apprécie l'importance, et toutes mes réflexions se sont réduites à celle-ci : *qu'il convenait d'arrêter immédiatement, en raison de l'opportunité des circonstances, l'exécution de travaux que d'un commun accord on juge inévitables dans quinze ou vingt années.* J'espère donc que si une récrimination s'élève elle ne viendra que de ces vieux remparts auxquels ma plume a fait la guerre, et encore !..... Ils ont vécu long-tems, ils ont beaucoup voyagé, quel inconvénient y a-t-il à ce qu'ils subissent enfin la loi commune, à ce qu'ils arrivent en paix dans le champ de l'éternel repos! Il n'est pas donné à tout ce qui existe de mourir aussi à propos et de trouver une fin consolée par la certitude d'un aussi fécond avenir.

Ch. MASSAS.

NOTE SUR L'ORIGINE ET L'AVENIR DU PORT DU HAVRE.

Il y a sept cents ans environ que l'église paroissiale de Sainte-Adresse était sur le banc de l'Eclat, à sept cents toises environ du cap la Hève ; c'est un fait que d'anciens titres ne permettent point de révoquer en doute. Alors la pointe la plus avancée du galet dans la rivière de Seine, qui porte depuis long-tems le nom de *Pointe du Hoc*, du mot anglo-saxon *Hook* (crochet), et répond maintenant à Harfleur, devait se trouver entre le village de la Grande-Heure et Notre-Dame-des-Neiges ou Petit-l'Heure. La position de cette pointe était donc, relativement au port d'Harfleur, ce qu'est la pointe actuelle du Hoc par rapport au bord de la côte, près le château d'Orcher.

Alors la rivière de la Lézarde avait son embouchure dans la Seine, immédiatement à la sortie du port d'Harfleur, dont l'entrée était baignée par la mer, comme l'est actuellement celle du Havre. A cette époque, les alluvions entraînées par la mer baissante ne se fixaient pas encore au-devant du port d'Harfleur, et leur dépôt n'a commencé à avoir lieu dans cette partie, que lorsque la pointe du Hoc a été assez avancée pour les retenir. Ces alluvions, au travers desquelles la Lézarde s'est creusé un lit, ont porté son embouchure à la pointe du Hoc, qui, avant 1300, s'était avancée jusqu'au Petit-l'Heure, où il s'était formé un établissement connu sous le nom de *Port au Hoc*. On voit, en effet, dans cet endroit, d'anciens ouvrages de maçonnerie, qui annoncent que cet établissement fut fortifié pour défendre l'entrée de la Lézarde. Les Anglais s'en emparèrent en 1415.

Mais l'entrée de ce port fut bientôt fermée par le galet ; et en 1500 environ, époque de l'établissement de celui du Havre, elle était absolument impraticable. Il ne sera peut-être pas inutile d'indiquer ici les causes physiques qui ont dû donner lieu à la formation de ce nouveau port.

Les dépôts de galet, poussés par les vents du nord-ouest, ont toujours formé une digue qui, partant du cap de la Hève, a été se terminer à la pointe du Hoc. Cette digue a toujours circonscrit un très grand espace compris entre elle et le pied de la côte qui règne depuis la Hève jusqu'à Harfleur. Il n'y a eu pendant long-tems dans cet espace que de très grandes criques que la mer remplissait à chaque marée, et dont les eaux, jointes à la fin à celles de la Lézarde, s'écoulaient, par son embouchure, dans celle de la Seine. Ces criques, très spacieuses, offraient un port naturel, qui pouvait contenir un fort grand nombre de navires à l'abri de tous les efforts de la mer.

Lorsque l'entrée du *port au Hoc* s'est trouvée fermée par le galet, les eaux retenues dans ces criques ont rompu, dans la partie la plus faible, la digue dont nous venons de parler ; elles s'y sont ouvert un nouveau passage qu'elles ont entretenu chaque marée, et au moyen duquel les navires ont pu entrer dans les criques et en sortir. Cet événement imprévu a fait donner à ce nouveau hâvre le nom de Havre-de-Grâce.

Les choses en étaient en cet état lorsque l'amiral Bonnivet reçut l'ordre de François Ier d'aller examiner dans quelle partie de la côte il conviendrait d'établir un nouveau port qui put remplacer celui d'Harfleur. La position du Havre-de-Grâce lui parut si intéressante, qu'il la préféra à l'embouchure de la rivière de Touques, au-dessous d'Honfleur, et à Etretat. Cet établissement fut donc résolu et commencé en 1516.

Ceux formés au Hoc et à Harfleur se portèrent bientôt vers ce nouveau port et ne tardèrent pas à mériter l'attention du gouvernement. Plusieurs ouvrages, parmi lesquels on remarque encore une tour qui fixait et défendait l'entrée du chenal, furent construits; mais, cette entrée ne fut pas long-temps sans être obstruée de galet. Les prolongemens successifs de la jetée du Nord-Ouest jusqu'au point où nous la voyons aujourd'hui, des épis construits en grand nombre entre cette jetée et la pointe de la Hève, sont des moyens inutiles et momentanés qu'on a opposés à sa marche constante et à ses effets. L'entrée du port s'est toujours encombrée et l'est encore d'une manière qu'il n'est pas inutile de remarquer ici.

On a vu que d'anciens titres fixaient, en 1100, la position de l'église de Sainte-Adresse, sur le banc de l'Eclat, à 700 toises environ du cap actuel de la Hève; une description du Havre, en 1667, indique que depuis son établissement la pointe de la Hève a été détruite de plus de 200 pas, ainsi qu'une grande jetée qui avait été construite pour arrêter les progrès des dégradations de la mer et la marche du galet. Les premiers fondemens de la ville du Havre ont été jetés en 1520, et l'époque de l'établissement indiqué ci-dessus doit être fixé à trente ou quarante ans après.

Ainsi, on peut conclure de ces deux faits que la destruction du cap de la Hève a été, jusqu'à présent, d'une toise par an.

On sent bien qu'il serait très difficile à l'art de résister à de si grands effets de la nature, et que quelques épis que l'on puisse exécuter au cap de la Hève pour en empêcher la destruction, ils auront le même sort que ceux qu'on y a déjà construits; ils causeront attérissement d'un côté et occasionneront des dégradations de l'autre (1).

De la force avec laquelle le cap de la Hève est attaqué par la mer, on doit conclure une destruction prochaine des phares qui sont construits sur le haut de la côte et de la conduite qui porte l'eau des sources de Sainte-Adresse à la ville du Havre. On tiendrait vainement à la conservation de l'un et de l'autre de ces ouvrages. En la supposant possible, la dépense qui en résulterait deviendrait à la fin plus considérable que les moyens pour les remplacer.

Les jetées et les autres ouvrages d'art construits pour l'établissement du port du Havre offrent un point d'appui fixe à une des extrémités de la digue de galet qui protège la ville et le faubourg d'Ingouville, tandis que l'autre extrémité tenant au cap de la Hève se reculera à mesure que ce cap sera détruit. Il s'en suit que dans un tems, à la vérité très éloigné, la ville du Havre sera contournée par la mer, qui s'ouvrira entr'elle et la côte d'Ingouville un passage pour se joindre plus directement à la Seine entre la paroisse de l'Heure et la pointe du Hoc. Alors, le cours du galet sera changé, l'entrée du port du Havre n'en sera plus comblée; elle deviendra plus facile et plus profonde, et si l'on peut conserver cette île, malgré les efforts de la mer qui l'attaquera de toutes parts, elle offrira un des ports les plus commodes de la côte (2).

(*Extraits des ouvrages publiés par M. de Lamblardie.*)

(1) M. Lesueur a proposé, pour arrêter le cours du galet, non pas seulement des épis au cap de la Hève, mais des épis placés à peu de distance les uns des autres entre le cap de la Hève et celui d'Antifer. Ces épis devraient être formés avec les blocs qui se détachent des falaises, et que l'on projèterait le plus loin possible dans la mer. Il pense que cette ligne d'épis produirait l'effet que l'on n'a pu obtenir d'une ou deux constructions semblables sur des points éloignés, et que le galet, arrêté dès son point de départ et retenu par des barrières successives, cesserait de menacer le port du Havre.

(2) Cette prédiction se réalise. Aux lieux mêmes qu'à indiqués M. de Lamblardie, la mer a brisé la côte jusqu'aux premières habitations, et semble exiger des bassins qui la reçoivent et des digues qui l'arrêtent. — Le projet, soutenu par les pétitionnaires, demande donc que les hommes fassent dès-à-présent, avec le secours de l'art, ce que la nature exécutera un jour à sa manière. Ils demandent d'opérer le bien avant les catastrophes; et de créer, sous l'abri du mole de l'Eclat et des épis construits entre les caps, ce beau port qu'à la suite de désastres, M. de Lamblardie a vu dans l'avenir.

www.ingramcontent.com/pod-product-compliance
Ingram Content Group UK Ltd.
Pitfield, Milton Keynes, MK11 3LW, UK
UKHW021212230726
13926UKWH00001B/477

9 782013 675437